ICS 13.060.25
P 40

DB41

河　南　省　地　方　标　准

DB41/T 385—2020
代替 DB41/T 385—2014

工业与城镇生活用水定额

2020-09-02 发布　　　2020-12-02 实施

河南省市场监督管理局　发布

图书在版编目（CIP）数据

工业与城镇生活用水定额：河南省地方标准：DB41/T 385—2020/河南省水利厅编．—郑州：黄河水利出版社，2020. 11

ISBN 978-7-5509-2877-0

Ⅰ．①工…　Ⅱ．①河…　Ⅲ．①工业用水-用水量-定额-地方标准-河南 ②生活用水-用水量-定额-地方标准-河南　Ⅳ．①TU991. 31-65

中国版本图书馆 CIP 数据核字（2020）第 239409 号

组稿编辑：王路平　电话：0371-66022212　E-mail：hhslwlp@126. com

出 版 社：黄河水利出版社　网址：www. yrcp. com
地址：河南省郑州市顺河路黄委会综合楼 14 层　邮政编码：450003
发行单位：黄河水利出版社
发行部电话：0371-66026940、66020550、66028024、66022620（传真）
E-mail：hhslcbs@126. com
承印单位：河南承创印务有限公司
开本：890 mm×1 240 mm　1/16
印张：2. 25
字数：70 千字　印数：1—3 500
版次：2020 年 11 月第 1 版　印次：2020 年 11 月第 1 次印刷

定价：34. 00 元

目　　次

前　言

本标准按照 GB/T 1.1—2009 给出的规则起草。

本标准代替 DB41/T 385—2014《工业与城镇生活用水定额》，与 DB41/T 385—2014 相比，主要变化如下：

——修改了术语和定义；

——修改了定额使用说明；

——调整了部分行业代码、行业名称及产品和类别的行业归属；

——修改了工业与城镇生活用水定额，增加了部分行业产品和类别的用水定额；

——删除了定额调节系数，制定了定额先进值和通用值。

本标准由河南省水利厅提出并归口。

本标准起草单位：河南省水利科学研究院、河南省科达水利勘测设计有限公司、郑州市水利局、开封市水利局、洛阳市水利局、平顶山市水利局、安阳市水利局、鹤壁市水利局、新乡市水利局、焦作市水利局、濮阳市水利局、许昌市水利局、漯河市水利局、三门峡市水利局、南阳市水利局、商丘市水利局、信阳市水利局、周口市水利局、驻马店市水利局、济源市水利局。

本标准主要起草人：路振广、秦海霞、张玉顺、张冰、和刚、王敏、郭梦秋、李永刚、朱雪辉、樊洪波、边松涛、关键、何洪波、李海岭 、王卫云、王军豫、屈伟、苏枫、张千镒、张闯、姚芳芳、刘小随、闫倩倩、庞雁东、郭永平、张龙助、梁凌、暴峻、李国迎、闫国臣、李海坤、史利杰、蔡军华、魏广辉、李学强、古向旻、黄玉景、翟俊杰、姚慧军。

本标准历次版本发布情况为：

——DB41/T 385—2004；

——DB41/T 385—2009；

——DB41/T 385—2014。

工业与城镇生活用水定额

1 范　围

本标准规定了工业与城镇生活用水定额的术语和定义、定额使用说明、工业用水定额、城镇公共生活用水定额、城镇居民生活用水定额和综合用水定额。

本标准适用于工业与城镇生活的用水定额管理，未涉及的相近行业和产品的用水定额可参照执行。

2 规范性引用文件

下列文件对于本文件的应用是必不可少的。凡是注日期的引用文件，仅注日期的版本适用于本文件。凡是不注日期的引用文件，其最新版本（包括所有的修改单）适用于本文件。

GB/T 4754—2017　国民经济行业分类

GB/T 12452　企业水平衡测试通则

GB 24789　用水单位水计量器具配备和管理通则

GB/T 32716—2016　用水定额编制技术导则

3 术语和定义

下列术语和定义适用于本文件。

3.1 用水定额

一定时期内在一定的技术和管理条件下，按照相应核算单元确定的、符合节约用水要求的各类用水户单位用水量的限额，不包括输水损失水量。

3.2 新水量

取自任何水源被用水户第一次利用的水量。

3.3 工业用水定额

一定时期内工业企业生产单位产品或创造单位产值利用新水量的限额。包括主要生产（主要装置、设备）用水、辅助生产（机电修、检化验、储运、污水处理、研发）用水以及附属生产（企业内部办公、职工食堂等）用水。

3.4 城镇公共生活用水定额

一定时期内城镇公共建筑和公共场所按照单个人员、单位面积、单个床位等核算的用水户与服务相关的单位时间利用新水量的限额。

3.5 城镇居民生活用水定额

一定时期内城镇居民家庭生活人均每日利用新水量的限额。

3.6 综合用水定额

一定时期内区域单位常住人口、单位城镇常住人口、单位生产总值、单位工业增加值综合利用新水量的限额。

3.7 人均综合用水量

一定时期内区域常住人口人均年综合利用新水量的限额，包括生活、生产和生态用水。

3.8 城镇综合生活人均用水量

一定时期内区域城镇公共生活和居民生活人均每日综合利用新水量的限额。

3.9 万元 GDP 用水量

一定时期内区域平均每生产一万元生产总值利用新水量的限额，包括第一、第二、第三产业用水。

3.10 万元工业增加值用水量

一定时期内区域平均每生产一万元工业增加值利用新水量的限额，包括企业生产和生活用水。

4 定额使用说明

4.1 工业与城镇生活行业分类依据 GB/T 4754 的规定。

4.2 按照 GB/T 32716 的要求给出了定额先进值和通用值。

4.3 定额先进值适用于新建（改建、扩建）项目的节水评价、水资源论证与配置以及取水许可管理等工作。

4.4 定额通用值适用于现有用水户的计划用水管理与节水评估考核等工作。

4.5 用水定额管理中，水平衡测试应符合 GB/T 12452 的要求。

4.6 用水计量器具配备和管理应符合 GB 24789 的要求。

5 工业用水定额

5.1 煤炭开采和洗选业

煤炭开采和洗选业用水定额见表 1。

表 1 煤炭开采和洗选业用水定额

行业代码	行业名称	产品名称	定额单位	先进值	通用值	备注
B06	煤炭开采和洗选业	原煤	m^3/t	0.4	0.6	产能≥1.2 Mt/a
			m^3/t	0.5	0.7	产能<1.2 Mt/a
		入洗原煤	m^3/t	0.06	0.09	动力煤
			m^3/t	0.08	0.10	炼焦煤

5.2 石油和天然气开采业

石油和天然气开采业用水定额见表2。

表2 石油和天然气开采业用水定额

行业代码	行业名称	产品名称	定额单位	先进值	通用值	备注
B071	石油开采	石油	m^3/t	3.1	3.4	—
B072	天然气开采	天然气	m^3/万 m^3	1.8	2.1	1个标准大气压下

5.3 黑色金属矿采选业

黑色金属矿采选业用水定额见表3。

表3 黑色金属矿采选业用水定额

行业代码	行业名称	产品名称	定额单位	先进值	通用值	备注
B081	铁矿采选	铁精矿	m^3/t	0.85	1.15	—

5.4 有色金属矿采选业

有色金属矿采选业用水定额见表4。

表4 有色金属矿采选业用水定额

行业代码	行业名称	产品名称	定额单位	先进值	通用值	备注
B091	常用有色金属矿采选	铝精矿	m^3/t	2.5	3.0	—
		铜精矿	m^3/t	1.6	2.1	—
		铅锌精矿	m^3/t	1.5	1.8	—
B092	贵金属矿采选	金精矿	m^3/t	2.6	3.6	—
B093	稀有稀土金属矿采选	钨钼精矿	m^3/t	2.0	2.8	—

5.5 非金属矿采选业

非金属矿采选业用水定额见表5。

表5 非金属矿采选业用水定额

行业代码	行业名称	产品名称	定额单位	先进值	通用值	备注
B101	土砂石开采	建筑石料	m^3/t	0.17	0.23	—
		耐火土石	m^3/t	0.12	0.18	—
B102	化学矿开采	石灰石、石膏石	m^3/t	0.26	0.32	—
		石英石、萤石	m^3/t	0.53	0.80	—
B103	采盐	原盐	m^3/t	1.8	2.4	—

5.6 开采专业及辅助性活动

开采专业及辅助性活动用水定额见表6。

表6　开采专业及辅助性活动用水定额

行业代码	行业名称	产品名称	定额单位	先进值	通用值	备注
B111	煤炭开采和洗选专业及辅助性活动	井巷工程施工	m^3/m	0.8	1.1	—

5.7　农副食品加工业

农副食品加工业用水定额见表7。

表7　农副食品加工业用水定额

行业代码	行业名称	产品名称	定额单位	先进值	通用值	备注
C131	谷物磨制	面粉	m^3/t	0.43	0.56	—
		大米	m^3/t	0.12	0.20	—
C132	饲料加工	饲料	m^3/t	0.20	0.30	—
C133	植物油加工	食用油	m^3/t	1.4	2.3	—
C135	屠宰及肉类加工	猪	m^3/头	0.30	0.35	—
		牛	m^3/头	0.9	1.0	—
		羊	m^3/只	0.24	0.29	—
		家禽	m^3/t	7.0	10.0	—
		火腿肠	m^3/t	3.5	5.0	高温
			m^3/t	7.3	9.0	中低温
		其他肉制品	m^3/t	6.0	8.0	—
C139	其他农副食品加工	淀粉	m^3/t	3.3	4.2	以玉米为原料
		结晶葡萄糖	m^3/t	2.5	2.8	以淀粉为原料
		葡萄糖浆	m^3/t	4.5	5.0	
		结晶麦芽糖	m^3/t	8.0	10.0	
		麦芽糖浆	m^3/t	4.5	5.0	
		果葡糖浆	m^3/t	3.8	4.5	
		麦芽糊精	m^3/t	74.0	88.0	
		分离蛋白	m^3/t	25.0	27.5	
		组织蛋白	m^3/t	2.6	2.9	—
		谷朊粉	m^3/t	75.0	82.5	—
		豆制品	m^3/t	6.0	7.0	—
		粉条	m^3/t	6.6	8.4	以薯类为原料

5.8　食品制造业

食品制造业用水定额见表8。

表 8　食品制造业用水定额

行业代码	行业名称	产品名称	定额单位	先进值	通用值	备注
C141	焙烤食品制造	糕点、面包	m^3/t	3.5	4.5	—
		饼干	m^3/t	2.5	3.8	—
C142	糖果、巧克力及蜜饯制造	水果糖	m^3/t	2.5	3.0	—
		酥糖	m^3/t	3.0	3.3	—
		软糖	m^3/t	4.0	4.4	—
		巧克力	m^3/t	5.0	5.5	—
C143	方便食品制造	挂面	m^3/t	1.6	1.9	—
		方便面	m^3/t	2.0	2.7	—
		汤圆	m^3/t	4.2	5.5	—
		饺子	m^3/t	8.0	8.8	—
C144	乳制品制造	液体奶	m^3/t	3.0	4.0	—
		酸奶	m^3/t	5.0	5.5	—
		奶粉	m^3/t	8.0	12.0	—
C145	罐头食品制造	肉类罐头	m^3/t	16.0	18.0	—
		果蔬罐头	m^3/t	18.0	21.0	—
		其他罐头	m^3/t	6.0	8.0	—
C146	调味品、发酵制品制造	味精	m^3/t	20.0	25.0	—
		赖氨酸盐酸盐	m^3/t	18.0	19.0	—
		赖氨酸硫酸盐	m^3/t	13.0	14.0	—
		柠檬酸	m^3/t	18.0	22.0	以淀粉为原料
		酱油	m^3/t	1.9	2.9	—
		食醋	m^3/t	3.0	4.5	—
		酱菜类	m^3/t	8.0	13.0	—
		酵母	m^3/t	65.0	70.0	—
		酵母衍生制品	m^3/t	90.0	100.0	—
		乳酸	m^3/t	35.0	45.0	—
		固体调味料	m^3/t	5.0	6.5	—
C149	其他食品制造	大豆蛋白肽	m^3/t	665.0	730.0	—
		冰淇淋	m^3/t	8.0	9.0	—
		雪糕	m^3/t	5.0	6.0	—
		果冻	m^3/t	4.0	4.4	—
		食用盐	m^3/t	4.2	5.0	—

5.9　酒、饮料制造业

酒、饮料制造业用水定额见表 9。

表9　酒、饮料制造业用水定额

行业代码	行业名称	产品名称	定额单位	先进值	通用值	备注
C151	酒的制造	酒精	m^3/kL	15.0	22.0	以谷类为原料
		白酒	m^3/kL	34.0	40.0	固态法
			m^3/kL	5.0	7.0	液态法
		啤酒	m^3/kL	5.0	5.8	—
		葡萄酒	m^3/kL	5.4	6.2	—
		黄酒	m^3/kL	7.0	10.0	—
C152	饮料制造	纯净水	m^3/t	2.3	2.5	—
		矿泉水	m^3/t	2.0	2.4	—
		果汁饮料	m^3/t	3.6	4.3	—
		蔬菜汁饮料	m^3/t	6.2	9.0	—
		碳酸饮料	m^3/t	2.5	3.0	—
		固体饮料	m^3/t	1.5	1.8	—
		茶饮料	m^3/t	2.7	3.8	—

5.10　烟草制品业

烟草制品业用水定额见表10。

表10　烟草制品业用水定额

行业代码	行业名称	产品名称	定额单位	先进值	通用值	备注
C161	烟叶复烤	烟叶复烤	m^3/t	3.0	5.0	—
C162	卷烟制造	卷烟	m^3/万支	0.12	0.14	—

5.11　纺织业

纺织业用水定额见表11。

表11　纺织业用水定额

行业代码	行业名称	产品名称	定额单位	先进值	通用值	备注
C171	棉纺织及印染精加工	棉纱	m^3/t	20.0	26.0	棉及棉混纺纱
		棉布	m^3/100 m	1.7	2.3	机织布
		纱染	m^3/t	45.0	73.0	—
		布染	m^3/100 m	1.9	2.6	—
		色织布	m^3/100 m	1.6	2.0	—
C172	毛纺织及染整精加工	毛条	m^3/t	19.0	24.0	原毛到洗净毛或炭化毛
		毛纱线	m^3/t	56.0	70.0	—
		粗梳毛织物	m^3/100 m	14.7	17.0	毛条到粗梳毛织物
		精梳毛织物	m^3/100 m	5.3	6.3	毛纱线到精梳毛织物
		毛织物染整	m^3/100 m	3.2	3.8	—

表 11（续）

行业代码	行业名称	产品名称	定额单位	先进值	通用值	备注
C173	麻纺织及染整精加工	麻纱	m^3/t	90.0	135.0	麻纤维经干纺到麻纱
			m^3/t	210.0	250.0	麻纤维经湿纺到麻纱
		麻针织物	m^3/t	100.0	150.0	麻纱经坯布到印染针织物
		麻机织物	$m^3/100\ m$	2.4	3.6	麻纱经坯布到印染机织物
C174	丝绢纺织及印染精加工	生丝	m^3/t	390.0	700.0	蚕茧经缫制到生丝
		坯绸	$m^3/100\ m$	0.22	0.25	生丝经织造到胚绸
		真丝绸机织物	$m^3/100\ m$	2.8	3.6	胚绸到印染机织物
		真丝绸针织物	m^3/t	120.0	260.0	胚绸到印染针织物
C176	针织或钩针编织物及其制品制造	针织坯布	m^3/t	30.0	45.0	—
		针织印染布	m^3/t	50.0	70.0	—
		针织羊毛衫	m^3/百件	1.4	3.2	—
		针织内衣	m^3/百件	1.0	1.3	—
C177	家用纺织制成品制造	毛巾	m^3/t	55.0	80.0	—
		毛（棉）毯	m^3/百条	6.5	9.0	—
		阔幅床单	m^3/百条	14.0	22.0	—
		假发头套	m^3/万只	6.8	10.0	—
C178	产业用纺织制成品制造	无纺布	m^3/t	13.0	24.0	水刺法
			$m^3/100\ m$	1.4	2.6	针刺法
		浸胶帘子布	m^3/t	34.0	40.0	—
		医用纱布	m^3/万 m	30.0	40.0	—

5.12 纺织服装、服饰业

纺织服装、服饰业用水定额见表 12。

表 12 纺织服装、服饰业用水定额

行业代码	行业名称	产品名称	定额单位	先进值	通用值	备注
C181	机织服装制造	梭织服装	m^3/百件	0.9	1.4	—
C182	针织或钩针编织服装制造	针织服装	m^3/百件	1.7	2.2	—
C183	服饰制造	帽子	m^3/万只	10.0	20.0	—
		手套、袜子	m^3/万双	7.0	18.0	—

5.13 皮革、毛皮、羽毛及其制品和制鞋业

皮革、毛皮、羽毛及其制品和制鞋业用水定额见表 13。

表 13 皮革、毛皮、羽毛及其制品和制鞋业用水定额

行业代码	行业名称	产品名称	定额单位	先进值	通用值	备注
C191	皮革鞣制加工	牛皮革	m^3/t（生皮）	45.0	57.0	生皮至成品革
			m^3/t（生皮）	32.0	40.0	生皮至蓝湿革
			m^3/t（蓝湿革）	27.0	30.0	蓝湿革至成品革
		羊皮革	m^3/t（生皮）	48.0	62.0	生皮至成品革
			m^3/t（生皮）	34.0	45.0	生皮至蓝湿革
			m^3/t（蓝湿革）	55.0	62.0	蓝湿革至成品革
		猪皮革	m^3/t（生皮）	50.0	63.0	生皮至成品革
			m^3/t（生皮）	35.0	44.0	生皮至蓝湿革
			m^3/t（蓝湿革）	30.0	33.0	蓝湿革至成品革
C192	皮革制品制造	皮衣	m^3/百件	5.0	5.5	—
		皮件	$m^3/100\ m^2$	4.0	5.0	皮革面积
		汽车坐垫	m^3/套	0.5	0.7	九件套
C194	羽绒加工及制品制造	羽绒	m^3/t	90.0	145.0	—
		羽绒服	m^3/百件	4.6	6.6	—
C195	制鞋业	皮鞋	m^3/万双	260.0	410.0	—
		布鞋	m^3/万双	230.0	260.0	布面胶底鞋
		塑料鞋	m^3/万双	140.0	170.0	—
		胶鞋	m^3/万双	660.0	730.0	雨鞋
		鞋底	m^3/万双	430.0	560.0	—

5.14 木材加工和木制品业

木材加工和木制品业用水定额见表 14。

表 14 木材加工和木制品业用水定额

行业代码	行业名称	产品名称	定额单位	先进值	通用值	备注
C201	木材加工	方材、板材	m^3/m^3	0.4	0.6	—
C202	人造板制造	中密度板	m^3/m^3	2.1	2.5	—
		细木工板	m^3/m^3	2.6	3.3	含胶合板
		刨花板	m^3/m^3	1.2	1.7	—
C203	木质制品制造	木地板	m^3/m^2	0.13	0.22	—

5.15 家具制造业

家具制造业用水定额见表 15。

表 15 家具制造业用水定额

行业代码	行业名称	产品名称	定额单位	先进值	通用值	备注
C211	木质家具制造	木质家具	m^3/万元	1.5	1.7	产值
C219	其他家具制造	床垫、沙发	m^3/万元	1.9	2.4	产值

5.16 造纸和纸制品业

造纸和纸制品业用水定额见表16。

表16 造纸和纸制品业用水定额

行业代码	行业名称	产品名称	定额单位	先进值	通用值	备注
C221	纸浆制造	漂白化学木浆	m^3/t	60.0	75.0	吨风干浆（含水10%）
		本色化学木浆	m^3/t	50.0	60.0	
		漂白化学非木浆	m^3/t	80.0	100.0	
		脱墨废纸浆	m^3/t	22.0	25.0	
		未脱墨废纸浆	m^3/t	10.0	15.0	
		化学机械木浆	m^3/t	17.0	22.0	
C222	造纸	新闻纸	m^3/t	11.0	16.5	—
		书写纸	m^3/t	17.0	23.0	—
		生活纸	m^3/t	12.0	21.0	—
		包装纸	m^3/t	15.0	19.5	—
		白纸板	m^3/t	14.0	20.5	—
		箱纸板	m^3/t	8.5	15.0	—
		瓦楞原纸	m^3/t	10.0	17.5	—

5.17 印刷和记录媒介复制业

印刷和记录媒介复制业用水定额见表17。

表17 印刷和记录媒介复制业用水定额

行业代码	行业名称	产品名称	定额单位	先进值	通用值	备注
C231	印刷	出版物	m^3/千色令	23.0	33.0	平版印刷
		纸质包装物	m^3/千色令	38.0	45.0	

5.18 文教、工美、体育和娱乐用品制造业

文教、工美、体育和娱乐用品制造业用水定额见表18。

表18 文教、工美、体育和娱乐用品制造业用水定额

行业代码	行业名称	产品名称	定额单位	先进值	通用值	备注
C241	文教办公用品制造	铅笔	m^3/万支	2.0	2.4	—
		圆珠笔	m^3/万支	6.9	8.0	—
		光盘	m^3/万张	1.8	2.0	—
C243	工艺美术及礼仪用品制造	地毯	m^3/万 m^2	140.0	160.0	—
C244	体育用品制造	球类	m^3/百只	1.9	2.4	—
		室外健身器材	m^3/t	2.3	2.8	—
		室内健身器材	m^3/百台	23.0	29.0	—
C245	玩具制造	电玩具	m^3/百个	2.0	2.3	—
		塑胶玩具	m^3/百个	1.6	2.0	—
		毛绒玩具	m^3/百个	0.4	0.8	—

5.19 石油、煤炭加工业

石油、煤炭加工业用水定额见表19。

表19 石油、煤炭加工业用水定额

行业代码	行业名称	产品名称	定额单位	先进值	通用值	备注
C251	精炼石油产品制造	原（料）油	m^3/t	0.41	0.56	燃料油、润滑油
		沥青	m^3/t	0.15	0.19	—
C252	煤炭加工	焦炭	m^3/t	1.23	2.40	—

5.20 化学原料和化学制品制造业

化学原料和化学制品制造业用水定额见表20。

表20 化学原料和化学制品制造业用水定额

行业代码	行业名称	产品名称	定额单位	先进值	通用值	备注
C261	基础化学原料制造	硫酸	m^3/t	3.7	4.0	硫铁矿制酸
			m^3/t	2.3	2.9	硫黄制酸
			m^3/t	4.2	4.8	冶炼烟气制酸
		盐酸	m^3/t	3.3	5.0	—
		硝酸	m^3/t	3.8	4.9	—
		磷酸	m^3/t	6.0	7.0	二水物法
			m^3/t	3.8	4.0	半水物法
		烧碱	m^3/t	5.5	7.1	30%离子膜法
			m^3/t	6.2	8.0	45%、98%离子膜法
		纯碱	m^3/t	12.0	14.0	氨碱法
			m^3/t	3.8	5.6	联碱法
			m^3/t	8.0	9.6	天然碱法
		氢氧化钾	m^3/t	20.0	26.0	—
		氢氧化铝	m^3/t	6.0	10.0	—
		氢氧化镍	m^3/t	110.0	120.0	—
		氧化锌	m^3/t	4.7	6.3	—
		氧化镁	m^3/t	3.0	4.0	—
		硫酸铝	m^3/t	5.5	7.0	—
		硝酸铵	m^3/t	3.3	4.0	—
		甲烷	m^3/t	1.9	2.3	—
		粗苯	m^3/t	8.0	10.0	—
		乙烯	m^3/t	10.0	12.0	—
		聚乙烯	m^3/t	2.0	2.5	—
		聚丙烯	m^3/t	2.5	3.5	—
		苯乙烯	m^3/t	21.0	23.0	—

表20（续）

行业代码	行业名称	产品名称	定额单位	先进值	通用值	备注
C261	基础化学原料制造	聚氯乙烯	m^3/t	7.5	9.0	乙烯氧氯化法
			m^3/t	6.0	10.0	电石法
		聚苯乙烯	m^3/t	32.0	35.0	—
		甲醇	m^3/t	10.0	14.0	以原煤为原料
		乙二醇	m^3/t	18.0	30.0	
		醋酸乙烯	m^3/t	11.0	14.0	—
		对二甲苯	m^3/t	1.7	3.3	—
		精对苯二甲酸	m^3/t	6.8	9.8	—
		二甲醚	m^3/t	1.5	2.0	—
		甲醛	m^3/t	1.5	2.0	—
		硝基苯	m^3/t	13.0	14.3	—
		苯胺	m^3/t	15.0	17.0	—
		氯化苯	m^3/t	6.0	6.6	—
		苯酐	m^3/t	8.0	10.0	—
		三聚氰胺	m^3/t	12.0	12.6	干法
			m^3/t	20.0	24.0	湿法
		醋酸	m^3/t	8.0	10.0	甲醇羧基合成法
		甘油	m^3/t	35.0	42.0	—
		氟化铝	m^3/t	1.8	2.0	干法
		液氯	m^3/t	2.5	4.0	—
		氢气	m^3/万 m^3	4.5	5.0	1个标准大气压下
		氧气	m^3/万 m^3	9.0	10.0	1个标准大气压下
		过氧化氢	m^3/t	7.0	8.2	水溶液又称双氧水
		次氯酸钠	m^3/t	3.3	4.0	—
		氯磺酸	m^3/t	0.2	0.3	—
		氢氟酸	m^3/t	5.0	6.0	—
		混甲胺	m^3/t	24.0	26.4	—
		糠醛	m^3/t	18.0	26.0	以玉米芯为原料
		糠醇	m^3/t	0.55	0.70	以糠醛为原料
		脂肪醇	m^3/t	12.0	13.8	—
		氟硅酸钠	m^3/t	9.0	12.2	—
		石蜡	m^3/t	0.45	0.50	—
		红矾钠	m^3/t	4.0	5.0	—
		冰晶石	m^3/t	1.2	1.6	—

表 20（续）

行业代码	行业名称	产品名称	定额单位	先进值	通用值	备注
C261	基础化学原料制造	电石	m^3/t	0.8	1.0	—
		氯化石蜡	m^3/t	2.0	4.5	—
		氯氧化锆	m^3/t	15.0	19.5	—
		钛白粉	m^3/t	63.0	70.0	—
		碳黑	m^3/t	14.0	19.0	—
		活性炭	m^3/t	35.0	46.0	—
		合成氨	m^3/t	10.0	14.0	以无烟煤为原料
			m^3/t	14.0	18.0	以烟煤、褐煤为原料
			m^3/t	5.0	7.5	以天然气为原料
C262	肥料制造	尿素	m^3/t	2.4	3.0	汽提法
			m^3/t	2.6	3.3	水溶液全循环法
		磷肥	m^3/t	3.0	3.3	高浓度磷肥
		钾肥	m^3/t	5.5	6.8	浮选法
			m^3/t	2.2	2.5	热熔法
		复合肥	m^3/t	6.3	8.8	—
C263	农药制造	除草剂	m^3/t	50.0	70.0	—
		杀虫剂	m^3/t	60.0	80.0	—
C264	涂料、油墨、颜料及类似产品制造	涂料	m^3/t	2.2	2.6	—
		油漆	m^3/t	5.0	9.0	—
		油墨	m^3/t	2.8	4.0	—
		颜料	m^3/t	30.0	50.0	—
		直接染料	m^3/t	488.0	585.0	—
		还原染料	m^3/t	300.0	360.0	—
		分散染料	m^3/t	120.0	145.0	—
		其他染料	m^3/t	40.0	63.0	—
C265	合成材料制造	有机硅	m^3/t	20.0	25.0	—
		ABS 工程塑料	m^3/t	3.0	4.8	—
		印刷胶片	$m^3/100\ m^2$	7.0	7.7	—
		有机玻璃	m^3/t	110.0	120.0	—
		环氧树脂	m^3/t	8.8	12.0	—
		酚醛树脂	m^3/t	2.6	3.0	—
		玻纤布	m^3/t	11.0	15.0	—
C266	专用化学产品制造	增白剂	m^3/t	25.0	28.0	—
		塑化剂	m^3/t	6.0	9.0	—
		印染助剂	m^3/t	13.0	18.0	—
		橡胶助剂	m^3/t	5.0	6.5	—
		灭火剂	m^3/t	26.0	37.0	泡沫型
			m^3/t	5.0	8.0	干粉型
		明胶	m^3/t	400.0	440.0	—

表 20（续）

行业代码	行业名称	产品名称	定额单位	先进值	通用值	备注
C267	炸药、火工及焰火产品制造	民用炸药	m^3/t	5.0	6.0	—
		工业雷管	m^3/万发	11.0	13.0	—
C268	日用化学产品制造	肥皂（香皂）	m^3/t	8.0	11.0	—
		洗衣粉	m^3/t	2.8	4.8	—
		洗涤剂	m^3/t	6.0	13.0	—
		牙膏	m^3/万支	7.5	9.0	每支 240 g
		化妆品	m^3/t	10.0	13.0	—

5.21 医药制造业

医药制造业用水定额见表 21。

表 21 医药制造业用水定额

行业代码	行业名称	产品名称	定额单位	先进值	通用值	备注
C271	化学药品原料药制造	青霉素工业盐	m^3/t	207.0	408.0	—
		头孢菌素	m^3/t	220.0	240.0	—
		红霉素	m^3/kg	2.3	2.7	—
		倍他米松	m^3/kg	25.3	29.0	—
		盐酸林可霉素	m^3/kg	2.0	2.4	—
		核黄素磷酸钠	m^3/t	200.0	236.0	—
		环丙沙星	m^3/t	150.0	180.0	—
		维生素 C	m^3/t	145.0	200.0	—
		布洛芬	m^3/t	105.0	130.0	—
		利巴韦林	m^3/t	150.0	260.0	—
		安乃近	m^3/t	110.0	140.0	—
C272	化学药品制剂制造	软膏剂	m^3/万支	10.0	12.0	每支 10 g
		粉针剂	m^3/万支	3.5	3.9	—
		水针剂	m^3/万支	8.5	12.0	每支 5 mL
			m^3/万支	3.5	5.0	每支 2 mL
		片剂	m^3/万片	0.3	0.5	0.05 g/片
		胶囊剂	m^3/万粒	1.0	2.0	—
		大输液	m^3/万瓶	45.0	55.0	每瓶 500 mL
C273	中药饮片加工	中药饮片	m^3/t	11.0	16.0	—
C274	中成药生产	中药口服液	m^3/万支	7.5	9.8	每支 10 mL
		中药注射液	m^3/万支	20.0	26.0	每支 20 mL
		全浸膏片	m^3/万片	7.0	9.0	—
		半浸膏片	m^3/万片	5.0	7.0	—
		中药颗粒剂	m^3/万袋	2.5	3.0	每袋 6 g
		中药蜜丸	m^3/万丸	3.5	4.0	每丸 3 g

表 21（续）

行业代码	行业名称	产品名称	定额单位	先进值	通用值	备注
C274	中成药生产	中药浓缩丸	m^3/万瓶	38.0	45.0	每瓶 36 g
		橡胶膏剂	m^3/万贴	0.23	0.30	—
		糖浆	m^3/万瓶	90.0	125.0	每瓶 100 mL
		胶囊剂	m^3/万粒	1.5	2.5	—
C275	兽用药品制造	金霉素	m^3/t	580.0	610.0	—
		马度米星铵	m^3/kg	1.0	1.3	—
C276	生物药品制品制造	生物蛋白类制品	m^3/万支	185.0	270.0	—
		狂犬疫苗	m^3/万支	10.0	15.0	—
		流感疫苗	m^3/万支	390.0	460.0	—

5.22 化学纤维制造业

化学纤维制造业用水定额见表 22。

表 22 化学纤维制造业用水定额

行业代码	行业名称	产品名称	定额单位	先进值	通用值	备注
C281	纤维素纤维原料及纤维制造	浆粕	m^3/t	65.0	90.0	—
		粘胶短纤	m^3/t	50.0	63.0	—
		粘胶长丝	m^3/t	195.0	245.0	—
C282	合成纤维制造	锦纶（尼龙）6	m^3/t	3.1	3.7	切片
			m^3/t	2.4	2.8	长丝
		尼龙 66 盐	m^3/t	50.0	56.0	—
		尼龙 66 工业丝	m^3/t	25.0	30.0	—
		聚酯涤纶	m^3/t	0.8	1.2	熔体或切片
			m^3/t	1.3	1.6	熔体纺长丝
			m^3/t	3.3	3.7	切片纺长丝
			m^3/t	1.6	1.9	工业长丝
			m^3/t	1.6	2.2	短纤
		腈纶	m^3/t	26.0	32.0	—
		维纶	m^3/t	70.0	96.0	高强高模纤维
			m^3/t	50.0	80.0	水溶性纤维
		丙纶	m^3/t	18.0	22.0	—
		氨纶	m^3/t	16.0	20.0	—

5.23 橡胶和塑料制品业

橡胶和塑料制品业用水定额见表 23。

表 23 橡胶和塑料制品业用水定额

行业代码	行业名称	产品名称	定额单位	先进值	通用值	备注
C291	橡胶制品	轮胎外胎	m^3/t	10.6	14.3	汽车轮胎
			m^3/t	43.0	55.0	工程车轮胎
			m^3/t	3.9	4.8	电动车、力车轮胎
		轮胎内胎	m^3/t	78.0	90.0	—
		橡胶管	m^3/t	120.0	158.0	—
		输送带	m^3/t	15.0	16.5	—
		三角带	m^3/t	50.0	60.0	—
		乳胶手套	m^3/万双	46.0	55.0	—
C292	塑料制品	塑料型材	m^3/t	5.0	7.0	—
		塑料薄膜	m^3/t	6.8	9.0	—
		塑料管材	m^3/t	3.3	6.0	—
		塑料容器	m^3/t	7.0	11.0	—
		塑料零件	m^3/t	8.0	15.0	—
		泡沫塑料	m^3/t	4.0	5.6	硬质泡沫
			m^3/t	18.2	22.0	软质泡沫
		塑料编织品	m^3/t	3.0	4.5	—
		合成革	m^3/t	3.3	3.8	干法
			m^3/t	7.5	8.6	湿法

5.24 非金属矿物制品业

非金属矿物制品业用水定额见表 24。

表 24 非金属矿物制品业用水定额

行业代码	行业名称	产品名称	定额单位	先进值	通用值	备注
C301	水泥、石灰和石膏制造	水泥	m^3/t	0.23	0.51	熟料烧成
			m^3/t	0.01	0.07	水泥粉磨
		石膏	m^3/t	0.5	0.7	干法
		石灰	m^3/t	0.7	0.9	—
C302	石膏、水泥制品及类似制品制造	预拌混凝土	m^3/m^3	0.15	0.20	—
		混凝土板	m^3/m^3	0.98	1.11	混凝土耗用量
		混凝土桩	m^3/m^3	0.34	0.36	
		混凝土电杆	m^3/m^3	0.68	0.81	
		混凝土管	m^3/m^3	0.51	0.65	
		轨枕	m^3/标根	0.65	0.90	—
		石膏板	m^3/t	0.17	0.22	—
C303	砖瓦、石材等建筑材料制造	免烧砖	m^3/万块	3.1	4.0	标砖
		烧结砖	m^3/万块	2.7	3.4	标砖
		石板材	m^3/m^2	0.2	0.4	—

表 24（续）

行业代码	行业名称	产品名称	定额单位	先进值	通用值	备注
C304	玻璃制造	平板玻璃	m^3/重箱	0.10	0.14	每重箱 50 kg
		钢化玻璃	m^3/万 m^2	100.0	175.0	—
		压花玻璃	m^3/万 m^2	96.5	115.0	—
		光伏玻璃	m^3/万 m^2	257.0	280.0	—
		超薄电子玻璃	m^3/重箱	0.24	0.30	每重箱 50 kg
		透明导电膜玻璃	m^3/t	1.4	1.5	—
C305	玻璃制品制造	玻璃瓶	m^3/t	1.6	1.9	—
		保温容器	m^3/t	3.3	4.0	—
		玻璃仪器及器皿	m^3/t	2.0	2.6	—
C306	玻璃纤维和玻璃纤维增强塑料制品制造	玻璃纤维	m^3/t	60.0	80.0	—
		玻璃纤维制品	m^3/t	8.0	12.0	—
C307	陶瓷制品制造	建筑陶瓷	m^3/m^2	0.05	0.08	—
		日用陶瓷、艺术陶瓷	m^3/t	16.0	18.8	普通瓷
			m^3/t	47.0	55.0	骨质瓷
		卫生陶瓷	m^3/t	8.0	10.0	—
		工业陶瓷	m^3/t	14.0	18.0	—
C308	耐火材料制品制造	普通耐火材料	m^3/t	3.0	4.0	—
		特种耐火材料	m^3/t	18.6	24.0	—
C309	石墨及其他非金属矿物制品制造	石墨	m^3/t	8.0	9.6	—
		石墨电极	m^3/t	75.0	110.0	—
		多晶硅	m^3/t	120.0	170.0	—
		单晶硅	m^3/t	350.0	510.0	—
		金刚砂	m^3/t	13.2	18.0	碳化硅、白刚玉
		砂轮	m^3/t	32.0	35.0	—
		砂布	m^3/t	3.3	3.9	—
		石英砂	m^3/t	2.0	2.4	—
		萤石粉	m^3/t	1.5	2.0	—

5.25 黑色金属冶炼和压延加工业

黑色金属冶炼和压延加工业用水定额见表 25。

表 25 黑色金属冶炼和压延加工业用水定额

行业代码	行业名称	产品名称	定额单位	先进值	通用值	备注
C311	炼铁	烧结矿	m^3/t	0.22	0.38	—
		球团矿	m^3/t	0.14	0.34	—
		生铁	m^3/t	0.41	1.09	—
C312	炼钢	钢坯	m^3/t	0.52	0.99	转炉冶炼
			m^3/t	1.05	1.74	电炉冶炼

表 25（续）

行业代码	行业名称	产品名称	定额单位	先进值	通用值	备注
C312	炼钢	普钢	m^3/t	4.4	4.7	钢铁联合企业
		特钢	m^3/t	4.4	6.8	
C313	钢压延加工	板带	m^3/t	0.61	1.40	冷轧
			m^3/t	0.45	0.91	热轧
		棒材	m^3/t	0.38	0.70	—
		线材	m^3/t	0.40	1.26	—
		型钢	m^3/t	0.31	0.79	—
		中厚板	m^3/t	0.38	0.74	—
		无缝钢管	m^3/t	0.86	1.56	—
C314	铁合金冶炼	硅铁合金	m^3/t	6.0	8.0	—
		硅锰合金	m^3/t	4.0	5.0	—
		高铬合金	m^3/t	3.0	4.0	—
		硼铁合金	m^3/t	1.5	2.0	—

5.26 有色金属冶炼和压延加工业

有色金属冶炼和压延加工业用水定额见表26。

表 26 有色金属冶炼和压延加工业用水定额

行业代码	行业名称	产品名称	定额单位	先进值	通用值	备注
C321	常用有色金属冶炼	铝冶炼（氧化铝）	m^3/t	1.1	1.4	拜耳法
			m^3/t	1.9	2.4	烧结法
			m^3/t	1.3	1.7	联合法
		电解铝	m^3/t	0.8	1.0	电解原铝液
			m^3/t	1.1	1.5	重熔用铝锭
		铜冶炼	m^3/t	17.0	19.0	铜精矿到阴极铜
			m^3/t	1.0	1.2	含铜二次资源到阴极铜
		铅冶炼	m^3/t	4.0	4.4	铅精矿到粗铅
			m^3/t	5.0	6.0	铅精矿到电解铅
		锌冶炼	m^3/t	6.0	8.0	火法
			m^3/t	4.0	5.0	湿法
		镁冶炼	m^3/t	2.9	3.6	—
		钛冶炼	m^3/t	78.0	93.0	—
C322	贵金属冶炼	金冶炼	m^3/kg	30.0	38.0	—
C323	稀有稀土金属冶炼	钨钼冶炼	m^3/t	57.0	70.0	—
C324	有色金属合金制造	铝合金	m^3/t	2.5	4.0	—
C325	有色金属压延加工	铝合金型材	m^3/t	11.0	13.0	—
		铝型材	m^3/t	7.0	9.0	—
		铝板带箔	m^3/t	6.4	7.7	—
		铜铸件	m^3/t	6.4	7.0	—
		铜管件	m^3/t	2.7	3.2	—
		钨钼材	m^3/t	24.0	35.0	—

5.27 金属制品业

金属制品业用水定额见表27。

表27 金属制品业用水定额

行业代码	行业名称	产品名称	定额单位	先进值	通用值	备注
C331	结构性金属制品制造	钢结构件	m^3/t	2.0	2.8	—
		铝合金门窗	m^3/t	9.0	13.0	—
		防盗门	m^3/樘	0.8	1.0	—
C332	金属工具制造	切削工具	m^3/万件	52.0	57.0	—
		手工具	m^3/万把	43.0	46.0	铁钳、扳手、刀、剪
C333	集装箱及金属包装容器制造	易拉罐	m^3/t	1.9	2.4	—
		压力容器	m^3/t	7.2	9.6	—
		钢桶	m^3/t	4.8	5.4	—
C334	金属丝绳及其制品制造	钢丝、镀锌丝	m^3/t	9.0	11.5	—
		钢丝绳	m^3/t	8.2	10.0	—
		丝网	m^3/t	3.0	3.5	—
C335	建筑、安全用金属制品制造	彩钢板	m^3/t	4.4	5.3	—
		暖气片	m^3/t	5.1	5.8	—
C338	金属日用品制造	不锈钢制品	m^3/t	5.4	6.3	—
C339	铸造及其他金属制品制造	铸铁件	m^3/t	6.8	9.0	—
		锻件	m^3/t	9.0	11.0	—
		电焊条	m^3/t	3.0	3.4	—

5.28 通用设备制造业

通用设备制造业用水定额见表28。

表28 通用设备制造业用水定额

行业代码	行业名称	产品名称	定额单位	先进值	通用值	备注
C341	锅炉及原动设备制造	工业锅炉	m^3/蒸吨	53.0	66.0	—
		柴油发动机	m^3/万 kW	440.0	590.0	—
		汽油发动机	m^3/万 kW	330.0	370.0	—
C342	金属加工机械制造	机床	m^3/t	26.0	33.0	—
C343	物料搬运设备制造	升降机	m^3/台	3.0	8.0	—
		固定式起重机	m^3/t	3.1	3.7	—
		移动式起重机	m^3/台	30.0	44.0	—
		电动葫芦	m^3/台	2.4	3.0	—

表 28（续）

行业代码	行业名称	产品名称	定额单位	先进值	通用值	备注
C344	泵、阀门、压缩机及类似机械制造	水泵	m^3/台	2.2	3.8	中小型
		阀门	m^3/t	28.0	36.0	—
		空压机	m^3/台	2.0	3.5	—
C345	轴承、齿轮和传动部件制造	轴承	m^3/万套	60.0	100.0	—
		齿轮	m^3/万件	53.0	64.2	—
		辊轴	m^3/t	4.1	5.1	—
C346	烘炉、风机、包装等设备制造	风机	m^3/t	5.0	7.0	—
		空分设备	m^3/t	21.0	24.0	—
		板式换热器	m^3/t	8.0	9.0	—
		除尘器	m^3/t	4.8	5.3	—
		电动工具	m^3/百套	3.4	4.8	—
		包装设备	m^3/t	4.3	5.7	—
C348	通用零部件制造	紧固件	m^3/t	2.5	4.3	—

5.29 专用设备制造业

专用设备制造业用水定额见表 29。

表 29 专用设备制造业用水定额

行业代码	行业名称	产品名称	定额单位	先进值	通用值	备注
C351	采矿、冶金、建筑专用设备制造	矿山设备	m^3/t	11.0	16.0	—
		冶金设备	m^3/t	34.0	42.0	—
		建筑机械	m^3/t	10.0	13.0	不含起重机械
C352	化工、木材、非金属加工专用设备制造	木工机械	m^3/t	7.0	9.0	—
		注塑机	m^3/台	36.0	44.0	—
C353	食品、饮料、烟草及饲料生产专用设备制造	食品及饮料机械	m^3/t	12.0	16.0	—
		粮油及饲料机械	m^3/t	11.0	14.0	—
C354	印刷、制药、日化及日用品生产专用设备制造	印刷机械	m^3/台（套）	105.0	120.0	大中型
		制药设备	m^3/t	8.0	13.0	—
C355	纺织、服装和皮革加工专用设备制造	纺织机械	m^3/t	9.0	12.0	—
		缝纫设备	m^3/台	0.2	0.4	—
C357	农、林、牧、渔专用机械制造	小型拖拉机	m^3/台	3.3	5.0	功率≤14.7 kW
		大中型拖拉机	m^3/台	8.0	15.0	功率>14.7 kW
		联合收割机	m^3/台	25.0	34.0	—
		耕种机械	m^3/台	2.6	3.0	—

表 29（续）

行业代码	行业名称	产品名称	定额单位	先进值	通用值	备注
C358	医疗仪器设备及器械制造	输液器	m^3/万套	0.5	0.8	—
		注射器	m^3/万支	1.4	1.8	—
		眼镜	m^3/万副	11.0	16.0	—

5.30 汽车制造业

汽车制造业用水定额见表 30。

表 30 汽车制造业用水定额

行业代码	行业名称	产品名称	定额单位	先进值	通用值	备注
C361	汽车整车制造	小型汽车	m^3/辆	8.2	18.0	总质量<4.5 t
		大型汽车	m^3/辆	19.0	33.0	4.5 t≤总质量<14.0 t
			m^3/辆	34.0	49.0	总质量≥14.0 t
C367	汽车零部件及配件制造	汽车减震器	m^3/百个	2.5	2.8	—
		汽车离合器	m^3/百个	2.2	3.0	—
		汽车变速箱	m^3/台	3.7	4.4	—
		铝合金轮毂	m^3/百只	9.5	10.0	—
		钢轮毂	m^3/百只	2.6	3.2	—
		其他汽车配件	m^3/t	4.0	5.6	—

5.31 铁路、船舶和其他运输设备制造业

铁路、船舶和其他运输设备制造业用水定额见表 31。

表 31 铁路、船舶和其他运输设备制造业用水定额

行业代码	行业名称	产品名称	定额单位	先进值	通用值	备注
C371	铁路运输设备制造	轨距挡板	m^3/t	3.1	4.4	—
		弹条扣件	m^3/t	4.3	5.7	—
		铁路机具	m^3/百套	16.0	18.0	—
		机车配件	m^3/万件	7.5	9.0	—
C376	自行车和残疾人座车制造	自行车	m^3/百辆	8.0	10.0	—
C377	助动车制造	电动车	m^3/百辆	14.0	18.0	—

5.32 电气机械和器材制造业

电气机械和器材制造业用水定额见表 32。

表 32　电气机械和器材制造业用水定额

行业代码	行业名称	产品名称	定额单位	先进值	通用值	备注
C381	电机制造	防爆电动机	m^3/万 kW	390.0	420.0	—
		普通电动机	m^3/万 kW	310.0	350.0	—
C382	输配电及控制设备制造	变压器	m^3/万 kVA	120.0	132.0	—
		高低压开关柜	m^3/套	5.5	8.0	—
		电力金具	m^3/t	10.0	12.0	—
		继电器	m^3/百只	2.3	3.0	—
		曳引机	m^3/台	1.2	1.3	—
		氧化锌避雷器	m^3/百只	3.5	4.0	—
C383	电线、电缆、光缆及电工器材制造	电线、电缆	m^3/km	2.0	5.0	外径≤20 mm
			m^3/km	5.0	10.0	20 mm<外径≤40 mm
			m^3/km	10.0	15.0	外径>40 mm
C384	电池制造	铅酸电池	m^3/（kVA·h）	0.10	0.14	—
		锂离子电池	m^3/（万 A·h）	8.0	10.0	—
		镍氢电池	m^3/（万 A·h）	26.0	37.0	—
C385	家用电力器具制造	空调器、电冰箱、洗衣机	m^3/百台	45.0	58.0	—
		电风扇	m^3/百台	10.0	14.0	—
		电热水器	m^3/百台	28.0	39.0	—
C387	照明器具制造	节能灯	m^3/万只	12.0	27.0	—
		LED 灯	m^3/万只	5.0	9.0	—

5.33　计算机、通信和其他电子设备制造业

计算机、通信和其他电子设备制造业用水定额见表 33。

表 33　计算机、通信和其他电子设备制造业用水定额

行业代码	行业名称	产品名称	定额单位	先进值	通用值	备注
C395	非专业视听设备制造	手机	m^3/千部	2.3	2.7	—
		收音机	m^3/百台	0.6	0.8	—
C397	电子器件制造	晶体管	m^3/万个	1.5	1.8	—
		集成电路	m^3/m^2	0.20	0.23	—
		其他电子器件	m^3/万个	2.5	3.0	—
C398	电子元件及电子专用材料制造	电阻器	m^3/万个	1.3	1.5	—
		电容器	m^3/万个	3.2	4.6	—
		其他电子元件	m^3/万个	1.4	2.0	—

5.34　仪器仪表制造业

仪器仪表制造业用水定额见表 34。

表 34 仪器仪表制造业用水定额

行业代码	行业名称	产品名称	定额单位	先进值	通用值	备注
C401	通用仪器仪表制造	水表	m^3/百只	1.8	3.2	口径≤50 mm
			m^3/百套	5.4	7.0	口径>50 mm
		电能表、燃气表	m^3/百只	3.0	4.0	—
		压力表	m^3/百只	0.5	0.7	—
		调节阀	m^3/百套	79.0	110.0	—
C402	专用仪器仪表制造	可燃气体报警仪	m^3/百只	2.2	2.6	—
		气动量仪	m^3/百只	1.2	1.4	—

5.35 废弃资源综合利用业

废弃资源综合利用业用水定额见表 35。

表 35 废弃资源综合利用业用水定额

行业代码	行业名称	产品名称	定额单位	先进值	通用值	备注
C421	金属废料和碎屑加工处理	再生钢铁	m^3/t	1.2	2.2	—
C422	非金属废料和碎屑加工处理	再生塑料	m^3/t	24.0	37.0	—
		再生橡胶	m^3/t	12.0	19.0	—
		再生涤纶	m^3/t	0.6	0.8	泡料清洗、造粒
			m^3/t	1.5	2.0	瓶片破碎、分选
			m^3/t	2.0	3.0	长丝
			m^3/t	1.8	2.2	短纤

5.36 电力、热力生产和供应业

电力、热力生产和供应业用水定额见表 36。

表 36 电力、热力生产和供应业用水定额

行业代码	行业名称	产品名称	定额单位	先进值	通用值	备注
D441	电力生产	火力发电（循环冷却）	m^3/（MW·h）	1.85	3.20	机组容量<300 MW
			m^3/（MW·h）	1.70	2.70	机组容量 300 MW 级
			m^3/（MW·h）	1.65	2.35	机组容量 600 MW 级
			m^3/（MW·h）	1.60	2.00	机组容量 1 000 MW 级
		火力发电（直流冷却）	m^3/（MW·h）	0.30	0.72	机组容量<300 MW
			m^3/（MW·h）	0.28	0.49	机组容量 300 MW 级
			m^3/（MW·h）	0.24	0.42	机组容量 600 MW 级
			m^3/（MW·h）	0.22	0.35	机组容量 1 000 MW 级
		火力发电（空气冷却）	m^3/（MW·h）	0.32	0.80	机组容量<300 MW
			m^3/（MW·h）	0.30	0.57	机组容量 300 MW 级
			m^3/（MW·h）	0.27	0.49	机组容量 600 MW 级

表 36（续）

行业代码	行业名称	产品名称	定额单位	先进值	通用值	备注
D441	电力生产	火力发电（空气冷却）	m^3/（MW·h）	0.24	0.42	机组容量 1 000 MW 级
		热电联产	m^3/（MW·h）	2.8	5.3	—
		生物质发电	m^3/（MW·h）	3.2	4.4	—
		垃圾发电	m^3/（MW·h）	4.0	4.8	—
D443	热力生产和供应	蒸汽	m^3/蒸吨	1.3	1.5	—
		集中供热采暖补水	L/（a·m^2）	32.0	40.0	—

注：当机组采用再生水时，再生水部分的定额可根据水质情况进行调整，循环冷却机组定额调整系数为 1.2，空气冷却机组定额调整系数为 1.1，直流冷却机组不予调整。

5.37 燃气生产和供应业

燃气生产和供应业用水定额见表 37。

表 37 燃气生产与供应业用水定额

行业代码	行业名称	产品名称	定额单位	先进值	通用值	备注
D451	燃气生产和供应	煤气	m^3/万 m^3	44.0	53.0	1 个标准大气压下
		瓶装液化气	m^3/t	0.4	0.5	—

5.38 水的生产和供应业

水的生产和供应业用水定额见表 38。

表 38 水的生产和供应业用水定额

行业代码	行业名称	产品名称	定额单位	先进值	通用值	备注
D462	污水处理及其再生利用	再生水	m^3/万 m^3	9.7	14.6	—

5.39 建筑业

建筑业用水定额见表 39。

表 39 建筑业用水定额

行业代码	行业名称	产品名称	定额单位	先进值	通用值	备注
E471	住宅房屋建筑	住宅楼	m^3/m^2	0.54	—	砖混结构
			m^3/m^2	0.38	—	框架结构（预拌混凝土）
E479	其他房屋建筑	综合楼	m^3/m^2	0.35	—	框架结构（预拌混凝土）
		厂房	m^3/m^2	0.11	—	钢结构
E501	建筑装饰和装修	室内装饰和装修	m^3/m^2	0.03	0.04	—

6 城镇公共生活用水定额

6.1 零售业

零售业用水定额见表40。

表40 零售业用水定额

行业代码	行业名称	类别名称	定额单位	先进值	通用值	备注
F521	综合零售	商场、超市	m^3/（m^2·a）	3.0	3.5	营业面积>10 000 m^2
			m^3/（m^2·a）	2.0	2.5	5 000 m^2≤营业面积≤10 000 m^2
			m^3/（m^2·a）	1.0	1.5	营业面积<5 000 m^2

6.2 交通运输业

交通运输业用水定额见表41。

表41 交通运输业用水定额

行业代码	行业名称	类别名称	定额单位	先进值	通用值	备注
G533	铁路运输辅助活动	客运火车站	L/（人·次）	15.0	18.0	含列车上水
G544	道路运输辅助活动	客运汽车站	L/（人·次）	9.0	11.5	—
		高速公路服务区	L/（人·次）	25.0	30.0	—
G563	航空运输辅助活动	机场	L/（人·次）	75.0	82.5	含飞机上水

6.3 住宿和餐饮业

住宿和餐饮业用水定额见表42。

表42 住宿和餐饮业用水定额

行业代码	行业名称	类别名称	定额单位	先进值	通用值	备注
H611	旅游饭店	四、五星级	m^3/（床·a）	146.0	221.0	含具有同等规模、质量、水平的饭店
		三星级	m^3/（床·a）	115.0	162.0	
		一、二星级	m^3/（床·a）	83.0	112.0	
H612	一般旅馆	星级以下	m^3/（床·a）	42.0	56.0	—
H619	其他住宿业	集体宿舍	L/（床·d）	55.0	60.0	有淋浴
			L/（床·d）	40.0	45.0	无淋浴
H621	正餐服务	正餐	m^3/（m^2·a）	12.0	15.0	营业面积>500 m^2
			m^3/（m^2·a）	9.0	12.0	营业面积≤500 m^2
H622	快餐服务	快餐	m^3/（m^2·a）	5.0	7.5	—

6.4 公共设施管理业

公共设施管理业用水定额见表43。

表 43 公共设施管理业用水定额

行业代码	行业名称	类别名称	定额单位	先进值	通用值	备注
N782	环境卫生管理	道路和场地喷洒	L/（m^2·d）	1.5	2.0	—
		公共厕所	L/（人·次）	6.0	9.0	—
N784	绿化管理	绿地浇灌[a]	m^3/（m^2·a）	0.73	0.81	豫北区
			m^3/（m^2·a）	0.57	0.65	豫西区
			m^3/（m^2·a）	0.51	0.60	豫中、豫东区
			m^3/（m^2·a）	0.38	0.45	豫南区

[a] 绿地浇灌分区参见附录 A。

6.5 居民服务、修理和其他服务业

居民服务、修理和其他服务业用水定额见表 44。

表 44 居民服务、修理和其他服务业用水定额

行业代码	行业名称	类别名称	定额单位	先进值	通用值	备注
O803	洗染服务	湿洗	L/干 kg	50.0	60.0	—
O804	理发及美容服务	理发	L/（人·次）	15.0	20.0	—
		美容	L/（人·次）	30.0	50.0	—
O805	洗浴和保健养生服务	公共洗浴	L/（人·次）	100.0	120.0	大众洗浴场所
			L/（人·次）	130.0	160.0	综合洗浴场所
		足疗保健	L/（人·次）	20.0	25.0	—
O811	汽车修理与维护	专业汽车修理	m^3/辆	1.0	1.2	场地 1 000 m^2 以上
		洗车	L/（辆·次）	40.0	50.0	小型车
			L/（辆·次）	50.0	70.0	大中型车

6.6 教育

教育用水定额见表 45。

表 45 教育用水定额

行业代码	行业名称	类别名称	定额单位	先进值	通用值	备注
P831	学前教育	幼儿园	m^3/（人·a）	9.0	12.0	折标准人数[a]
P832	初等教育	小学、初中	m^3/（人·a）	8.0	11.0	
P833	中等教育	高中	m^3/（人·a）	10.0	14.0	
		中专、中职	m^3/（人·a）	19.0	26.0	
P834	高等教育	高等院校	m^3/（人·a）	33.0	50.0	

[a] 折标准人数计算方法参见附录 B。

6.7 卫生和社会工作

卫生和社会工作用水定额见表 46。

表 46　卫生和社会工作用水定额

行业代码	行业名称	类别名称	定额单位	先进值	通用值	备注
Q841	医院	三级医院	L/（床·d）	560.0	770.0	—
		二级医院	L/（床·d）	440.0	600.0	—
		一级及以下医院	L/（床·d）	230.0	420.0	—
Q842	基层医疗卫生服务	社区卫生服务中心（站）	L/（人·次）	10.0	12.0	—
Q851	提供住宿社会工作	养老院、福利院	L/（床·d）	100.0	150.0	—

6.8　文化、体育和娱乐业

文化、体育和娱乐业用水定额见表 47。

表 47　文化、体育和娱乐业用水定额

行业代码	行业名称	类别名称	定额单位	先进值	通用值	备注
R876	电影放映	影剧院	$m^3/(m^2 \cdot a)$	1.8	2.9	—
R883	图书馆与档案馆	图书馆	$m^3/(m^2 \cdot a)$	1.3	1.8	—
		档案馆	$m^3/(m^2 \cdot a)$	0.7	1.1	—
R884	文物及非物质文化遗产保护	博物馆	$m^3/(m^2 \cdot a)$	1.5	1.8	—
R892	体育场地设施管理	高尔夫球场	$m^3/(m^2 \cdot a)$	0.4	0.5	球场灌溉
		人工滑雪场	$m^3/(m^2 \cdot a)$	0.6	0.7	含造雪、服务区用水
		游泳馆	$L/(m^3 \cdot d)$	80.0	100.0	按泳池容积计算补水量
		体育场馆	L/（人·次）	5.0	7.0	—
R901	室内娱乐活动	歌舞厅	$m^3/(m^2 \cdot a)$	1.5	2.2	按营业面积

6.9　公共管理、社会保障和社会组织

公共管理、社会保障和社会组织用水定额见表 48。

表 48　公共管理、社会保障和社会组织用水定额

行业代码	行业名称	类别名称	定额单位	先进值	通用值	备注
S	公共管理、社会保障和社会组织	机关	$m^3/$（人·a）	12.0	28.0	有食堂
			$m^3/$（人·a）	8.0	22.0	无食堂
		写字楼	$m^3/(m^2 \cdot a)$	0.95	1.55	无水冷中央空调
			$m^3/(m^2 \cdot a)$	1.25	2.50	有水冷中央空调
注：机关用水核算时不包括对外服务的政务大厅等用水量。						

7　城镇居民生活用水定额

城镇居民生活用水定额见表 49。

表 49　城镇居民生活用水定额

类别名称	定额单位	先进值	通用值	备注
城镇居民生活	L/（人·d）	120.0	130.0	Ⅰ型大城市及以上（城区常住人口≥300 万）
	L/（人·d）	110.0	120.0	Ⅱ型大城市（100 万≤城区常住人口<300 万）
	L/（人·d）	100.0	110.0	中等城市（50 万≤城区常住人口<100 万）
	L/（人·d）	90.0	100.0	Ⅰ型小城市（20 万≤城区常住人口<50 万）
	L/（人·d）	80.0	90.0	Ⅱ型小城市（城区常住人口<20 万）

8　综合用水定额

综合用水定额见表 50。

表 50　综合用水定额

定额名称	定额单位	综合用水定额	备注
人均综合用水量	m^3/a	247.0	—
城镇综合生活人均用水量	L/d	157.0	—
万元 GDP 用水量	m^3	32.1	—
万元工业增加值用水量	m^3	24.5	—
注：表中数据为全省 2019 年平均值。			

附 录 A
(资料性附录)
绿地浇灌分区

绿地浇灌分区参见表A.1。

表A.1 绿地浇灌分区

灌溉分区	省辖市	县（市、区）
豫北区	安阳市	安阳市区、安阳县、汤阴县、内黄县、林州市、滑县
	濮阳市	濮阳市区、清丰县、南乐县、范县、台前县、濮阳县
	新乡市	新乡市区、新乡县、获嘉县、原阳县、延津县、封丘县、辉县市、长垣市、卫辉市
	焦作市	焦作市区、修武县、博爱县、武陟县、温县、沁阳市、孟州市
	鹤壁市	鹤壁市区、浚县、淇县
	济源市	济源市
豫西区	洛阳市	洛阳市区、孟津县、新安县、栾川县、嵩县、汝阳县、宜阳县、洛宁县、伊川县、偃师市
	三门峡市	三门峡市区、渑池县、卢氏县、义马市、灵宝市
	郑州市	上街区、荥阳市、新密市、登封市、巩义市
	平顶山市	石龙区、鲁山县、汝州市
豫中、豫东区	郑州市	郑州市区（不含上街区）、中牟县、新郑市
	平顶山市	平顶山市区（不含石龙区）、宝丰县、叶县、郏县
	漯河市	漯河市区、舞阳县、临颍县
	许昌市	许昌市区、鄢陵县、襄城县、禹州市、长葛市
	开封市	开封市区、杞县、通许县、尉氏县、兰考县
	商丘市	商丘市区、民权县、睢县、宁陵县、柘城县、虞城县、夏邑县、永城市
	周口市	周口市区、扶沟县、西华县、商水县、沈丘县、郸城县、太康县、鹿邑县、项城市
豫南区	南阳市	南阳市区、南召县、方城县、西峡县、镇平县、内乡县、淅川县、社旗县、唐河县、新野县、桐柏县、邓州市
	驻马店市	驻马店市区、西平县、上蔡县、平舆县、正阳县、确山县、泌阳县、汝南县、遂平县、新蔡县
	平顶山市	舞钢市
	信阳市	信阳市区、息县、淮滨县、罗山县、光山县、新县、商城县、潢川县、固始县

附　录　B
（资料性附录）
学校标准人数计算方法

1. 概述

学校用水定额中的人数以标准人数表示。标准人数指学校各类人员按不同用水行为特征折算成的标准类型用水人数。

2. 高等教育

标准人数按式（B.1）计算。

$$N_{u} = N_{ud} + N_{ua} + 0.5N_{ut} \quad (B.1)$$

式中：

N_{u}——学校标准人数，单位为人；

N_{ud}——全日制统招生人数，单位为人；

N_{ua}——留学生人数，单位为人；

N_{ut}——教职工人数（在编在岗教职工和工作时间超过半年的非在编人员），单位为人。

3. 中等教育、初等教育及学前教育

标准人数按式（B.2）计算。

$$N_{s} = N_{sds} + 2N_{sd} + N_{st} \quad (B.2)$$

式中：

N_{s}——标准人数，单位为人；

N_{sds}——走读生人数，单位为人；

N_{sd}——住宿生人数，单位为人；

N_{st}——教职工人数（在编在岗教职工和工作时间超过半年的非在编人员），单位为人。